鹿児島県
（かごしまけん）

# 海をわたる ツル

写真・文　増田 戻樹

　みなさんは ツルを 知っていますか？
せかいには、15しゅるいの ツルがいて、
日本でも、おもに 3しゅるいの ツルを 見ることができます。
それは、北海道で 一年中くらしている タンチョウ。
そして、この本で しょうかいする ナベヅルと マナヅルです。

ナベヅル

マナヅル

野生のどうぶつたちにとって、冬を 生きぬくということは
とてもたいへんなことです。
冬は 食べものが 少なくなるので、どうぶつたちは
えさを たくわえたり、体にえいようをためて 冬みんをしたり、

もっとえさのある　ばしょに　いどうしたりしなければなりません。
ナベヅルや　マナヅルも、えさをもとめて
さむさのきびしい　北のほうの国から
すごしやすい　日本にやってくるのです。

ナベヅルや マナヅルが 冬ごしをするのは、
日本では おもに 九州の鹿児島県、出水平野というところです。
ここでは、やく 8,000 羽の ナベヅルと、
やく 2,000 羽の マナヅルが 見られます。
ツルが なぜ出水平野を 冬ごしのばしょに えらんだのか、
はっきりとしたりゆうは、わかりません。

中央が、保護区。後方は、ツルがよくとんでいく東かんたく地。新しいえさ場やねぐらもある。

海に近い このあたりには 昔、大きな ひがたがあったので
冬でも えさが たくさんとれたのかもしれません。
ひがたでは、貝やカニ、小魚などを食べ、しおがみちてくると、
田んぼや はたけで、虫や おちているコメなどを 食べていました。
しかし、今は かいはつによって ひがたはなくなっています。

ツルたちは、中国やシベリアなどで 子そだてをしていますが、
さむくなると、わか鳥をつれて、2,500キロメートルをこえる
長いきょりをとび、海をわたり、日本に やってきます。
それは、ツルにとって、とても多くの体力が ひつようなことです。
てんてきや じこにあい、いのちをうしなうことも あるのです。
それでも毎年、出水平野に 来るのは、ここで 冬をすごしたほうが
生きのびることができるのを、ツルは よく知っているのでしょう。

はたけにあつまった マナヅルのむれ。手前の 小がたで 尾まで黒いツルは ナベヅル。

ツルの数を きろくするようになったのは 1927年からです。
1938年には ナベヅルと マナヅル 合わせて
3,000羽をこえていましたが、
せんそうのころには、200羽ほどにまで へってしまいました。
その後、人々のどりょくで 少しずつ 数がふえ、
えづけにせいこうした 1970年代には、2,000羽をかぞえました。
そして、今では、10,000羽を こえるようになりました。

かりとられたイネの　上空をとぶ　とうちゃくしたばかりの　ナベヅル。

まずは、ツルが　日本に　やってくるようすを　しょうかいしましょう。
10,000羽ものツルが、いちどに　やってくるのではありません。
毎年、田んぼのイネが　かりとられる　10月の中ごろ、
さいしょのむれが　やってきます。
ふつう　それはナベヅルで、数は　数羽から数十羽です。
秋がふかまるにつれ、ツルの数は　だんだんとふえ、
12月のおわりごろには、いちばん多くなっていきます。

月夜の空をとぶ ナベヅル。

ツルが 日本につくのは 夜のことが多く、
そのとき、たくさんのツルが なきあう声が きこえます。
ツルは ふつう、夜 ねむっているので 声はしませんが
とうちゃくしたときや、夜 何かのじじょうで
空に まい上ったときには、
なかまどうしが おたがいを かくにんするために なくのです。

マナヅルのふうふ。

ツルは　むれで　こうどうします。
ツルはふつう、一どに　2羽の子どもを　うみますが、
子どもが1羽しかいない　3羽のかぞくや
ふうふだけのかぞく、なかには、1羽だけでいる　ツルもいます。

ナベヅルのかぞく。

マナヅルのかぞく。

これらのかぞくが、いくつもあつまって　むれになり、
そのむれが、さらに　べつのむれと　合わさって、
もっと大きなむれを　つくっているのです。
しゃしんにうつっているのは　それぞれが　1つのかぞくです。

ナベヅルのかぞく。子どもは　あたまの色がちがう。

出水平野にある ツルえっ冬地は、外国の 鳥のけんきゅうかや
鳥が好きな人たちにも よく知られています。
それは、ナベヅルが 冬ごしをするばしょが めずらしく、
せかいじゅうの ほとんどのナベヅルが
出水平野に あつまっているからです。
ナベヅルと マナヅル、そして、それらが冬のあいだすごす と来地は、
国の とくべつてんねんきねんぶつの してい をうけています。

夜ねている ツルたち。ふだんのねぐらから 少し いどうしている。
このしゃしんは、夜でも うつるように くふうして さつえいしたもの。

保護区になっている 田んぼやはたけは、
冬のあいだだけ のうかから かりているものです。
ざっ草が生えないよう ほかのきせつは 田んぼやはたけとして
つかっていますが、冬は さくもつをつくることはできません。
そして、冬のあいだ 立ち入りがきんしされます。
ツルは 毎ばん 保護区の中の 水をはった 田んぼに
あつまってねむります。

ツルに　えさをあたえるようになったのは、
へってしまったツルを　保護するためです。
今では、毎朝、小がたトラックから
たくさんの小麦を　まいています。
ツルが　10,000羽いじょうも　やってくるようになったのは、
この小麦のおかげで　うえじにすることなく
あんしんして　すごせるようになったからなのです。

えさの小麦。多いときは1日に
600キログラムもまかれる。

えさをまくと、ツルは いったん とびたちますが、
すぐ もどってきます。
はじめのころは、人に なれていなかったので、
なかなか もどってこなかったり、えさを 食べなかったりしました。
食べはじめても、いつも あたりを気にしながら 食べていたのです。
とくに、かんこうきゃくや かんこうバスの 大きな音がすると、
おどろいてしまって、いっせいに まい上がっていました。
そのようすは、とてもすばらしくて
見ている人たちは 楽しめたのですが、
ツルにとっては、けっして よいことではありません。
なんとか ツルを おどろかさないようにできないものかと、
車を通行きんしにするなど、いくつかの たいさくをしましたが、
なかなか うまくいきませんでした。

ところが 1985年ごろ、あるアイディアが せいこうしました。
人間や車が 通る道と、保護区のあいだに、人間が見えないように
するための あみとわらで つくった さくをたてたのです。
高さは、大人の かたまでくらいで、かんぜんにはかくれませんが、
ツルにとっては それでも じゅうぶんでした。
さくがあることで、それより中には 人間が入ってこない
ということに ツルは 気づいたのです。

わらのさくでしきられた保護区。

その後、さくは あみとわらから、黒いシートに かわりましたが、
この さくのおかげで、長いあいだ、人間をこわがっていた ツルが、
ようやく 人間を しんらいするようになったのです。
今では、ツルは おどろくほど 人間に 近づくようになりました。
でも、それは さくのあるばしょだけで、
ほかのところでは 近よったりすると、すぐににげてしまいます。

1975年ごろの保護区。ツルが 人間になれていなかったころ。

今では、人間が少ないときは さくのすぐそばまで やってくるようになった。

保護区からはなれた はたけで
えさをさがすナベヅル。

ツルが よくあそびに行く はたけに
たてられた たくさんのビニールハウス。

こうして たくさんのツルが 来るようになったのは
よかったのですが、こまったことも おきました。
それは、はたけのやさいを 食べたり、あらしてしまうことです。
じゆうにとんでいけるため、あたえたえさを
食べるだけでなく、保護区の外の はたけに行って
さくもつをあらしてしまう ツルもいたのです。
しかし、ひがいが 出るようになったからといって、
ツルをまもることを やめるわけにはいきません。

おくにある 青いネットで かこわれたところには
ツルが はいっていない。

えさが まかれなくなると、うえじにするツルが 出てしまいますし、
さくもつも、もっとあらされてしまうかもしれません。
それに、このツルたちは 数の少なくなった きちょうな鳥なので、
まもってあげなければならないのです。
そこで、ツルが はたけをあらさないように、ビニールハウスを
たてたり、はたけに 鳥よけのネットを つけたりして
ひがいを少なくする 工夫をしました。
ツルと 人が いっしょにすごせるように どりょくをしたのです。

もんだいは まだあります。
それは、ツルが 一(いっ)かしょに あつまりすぎていることです。
もし、鳥(とり)のでんせんびょうが はやったら、
みんなに びょうきが うつってしまいます。
せかいてきに きちょうなツルですから、
ぜつめつするようなことが あってはなりません。

そこで、ツルが わかれて 冬ごしできるように、
今までの ねぐらのほかに ツルが よくあそびに行くばしょに
べつの ねぐらをつくり、えづけを はじめたのです。
新しいばしょに なれるのには 時間がかかりましたが、
今では 2,000羽くらいのツルが そこで ねています。

マナヅルのディスプレイ。オスはりょうほうの　つばさを上げ、メスは首をのばしてなく。

このように、多くの人たちによって　まもられているツルは、
毎日　えさを食べたり、ねたり、
あそんだりしながら　冬をすごします。
しかし、春が近づくと、ちょっと　かわったこうどうも
見られるようになります。
ふうふで　なき合いながらする、ディスプレイというものです。

ナベヅルのディスプレイ。つばさを上げずに なき合う。

それはまるで、ツルが 北の国に かえってからおこなう
子そだての 前ぶれのようにも 思えます。
ディスプレイをするツルを 多く目にするようになると
ツルが かえる日も そろそろです。
かえるじきには 体力をつけてあげるため
小麦のほかに イワシなどの小魚を えさとしてあたえます。

ここは、保護区から 少しはなれた 海ぞいのばしょです。
「クルッ！ ……クルッ！」
空の方から マナヅルの声が きこえてきます。
かすんでいて すがたは見えませんが、
たしかに ツルの声がします。
しばらくしたときです。
サーッと 風をきる音とともに
マナヅルのむれが、目の前を 通りぬけていきました。

長島上空を通ってかえる マナヅルのむれ。あたたかい日は、このように 春がすみのかかることも多い。

とびたつマナヅル。

ぐるりと回りながら、むれをつくるナベヅル。

　ツルは　かえるときも、ぜんぶが一どにでは　ありません。
まずは、マナヅルが　2月の中ごろから　かえりはじめます。
それは　毎日ではなく、天気のよい日の　午前中に　かぎります。
数羽から数十羽の　むれになって、どんどん　とんでいき、
ときには　1日に数百羽のツルが　かえることもあります。

ねぐらの上を　じょうしょうしはじめたナベヅルのむれ。

ナベヅルが　たくさんかえるのは、3月中ごろから　おわりにかけてです。
ナベヅルと　マナヅルが　まざってかえっていくこともあります。
ツルが　かえる日は、むれどうしが　なき合い、円をえがきながら
保護区の上を　まい上がっていきます。
こうして　ツルが　北の国にかえる　北きこうは
1か月半ぐらい　つづくのです。

3月下じゅんの　晴れた日。
「クォーッ、クォーッ！」
「クォーッ、クォーッ！」
とおくから　たくさんのナベヅルが　なき合う声がきこえてきました。
海上で　ぐるりと回りながらとび、むれの形を　ととのえて
つぎからつぎに　何十、何百ものナベヅルが
海をわたって　かえってゆきます。

不知火海をわたり天草方面にむかう　ナベヅルとマナヅルのむれ。

ツルは いくつかのルートをたどり、
ちゅうけい地の 韓国をめざします。
出水平野から どのようなルートを通り
どのくらいの時間をかけて はんしょくちに かえるのかが
いろいろなちょうさで だんだんと わかってきました。
ツルが、たえることなく いのちをつないでこられたのは、
わたりという 生き方だけが りゆうではありません。
ツルを 春まで ぶじにすごさせるため、多くの人たちが
どりょくをしていることも、わすれてはならないでしょう。

# あとがき

増田戻樹

　初めて出水を訪れたのが２１歳の時、もう３８年ほど前のことです。その後、なかには来られない年もありましたが、２８年にわたり訪れています。

　出水のツルはとても魅力的でした。姿は、タンチョウの方がたしかにきれいですが、しかし、何といっても、出水のツルのすばらしさはその数であり、朝夕の群れ飛ぶ姿には、感動するしかなかったのです。

　撮影を始めて１０年ほど経った時、一通り撮影できたものと思い、東京、出水、鹿児島の３か所で個展を開きましたが、その時、海を渡る場面がまだ残っているということを知りました。それで、さらに通うことになったのです。

　海を渡るツルを見ること自体は、それほど難しくはありません。しかし、写真に撮るとなるとそうはいかないのです。北帰行には天候が大きく左右するのですが、春先は天気が安定していないため、撮影のための滞在が１日、また２日と重なってゆきます。今度晴れたらドサッと帰る。そんな思いで次の北帰行を待つのですが、いざ飛び立ってみると、がっかりさせられることが多く、後ろ髪を引かれる思いで出水を退却することの連続でした。

　出水のツル越冬地は、九州をはなれてしまうと一般の人にはあまりなじみがありません。他の地方では、冬鳥として渡って来た時と、帰る時しか、報道されないからでしょうか。現在のように一万羽ものツルが、なんの変哲もない冬枯れの田んぼに集まっている光景は、とても自然とは思えません。でも出水のツル渡来地が今のような状態になったのには、長い年月と、そして人との係わりがあったことを知ってもらいたく、今回絵本として紹介させてもらうことになりました。

　なお、長期の取材にあたり、お世話になった又野末春さん、吉尾直善さんに、この場をお借りして深くお礼を申し上げます。

---

写真　文　●　増田　戻樹（ますだ　もどき）

１９５０年、東京に生まれる。幼いときから動物好きで、高校生のころより写真にも興味をもつ。動物商勤務を経て、１９７１年よりフリーの写真家として独立する。現在、山梨県在住。
著書に、『オコジョのすむ谷』『子リスをそだてた森』（ともに、あかね書房）、『ヤマネ家族』（河出書房新社）、『夜空の美術館 — 八ヶ岳星座物語』（世界文化社）「ニホンリス」（文一総合出版）など多数。
日本写真家協会会員。

---

情報協力　●　ツル博物館クレインパークいずみ

あかね・新えほんシリーズ ㊸　海をわたるツル

２００８年１１月２０日　初版発行

ISBN 978-4-251-00963-0
NDC488　32p　26cm

作　者　　増田戻樹
発行者　　岡本雅晴
発行所　　株式会社 あかね書房
〒101-0065　東京都千代田区西神田 3-2-1　電話 03-3263-0641（営業）03-3263-0644（編集）
http://www.akaneshobo.co.jp
印刷所　　株式会社 精興社　　製本所　　株式会社 難波製本

Ⓒ M．Masuda 2008　Printed in Japan　落丁本・乱丁本は、お取りかえいたします。定価は、カバーに表示してあります。